EMILE GILBERT

Lauréat de l'Institut.

DEUX

Conflits mémorables

EMPIRIQUES ET DOGMATIQUES

LA DISPUTE DE L'ANTIMOINE

SECONDE ÉDITION REVUE ET AUGMENTÉE

PRIX : 2 FR.

PARIS

A. MALOINE, ÉDITEUR

23 et 25, Rue de l'Ecole de Médecine, 23 et 25

1901

DEUX CONFLITS MÉMORABLES

EMILE GILBERT

Lauréat de l'Institut.

DEUX

Conflits mémorables

EMPIRIQUES ET DOGMATIQUES

LA DISPUTE DE L'ANTIMOINE

SECONDE ÉDITION REVUE ET AUGMENTÉE

PARIS

A. MALOINE, ÉDITEUR

23 et 25, Rue de l'Ecole de Médecine, 23 et 25

1901

SOURCES PRINCIPALES DES MATIÈRES

CONTENUES DANS CE VOLUME

Hippocrate. — *Œuvres.*

Dioscoride. — Lib. VI.

Galien. — *De comp. medic.*

Celse. — *In præfat.*, lib. I.

Pline. — *Hist. nat.*

Martial. — Epigrammes.

Macrobe. — *Saturnales.*

Juvénal. — Satires.

Cicéron. — Pl. *pro Cluentio.*

Paracelse.—*Archidoxes magiques.*

Porta. — *Magia naturalis.*

Guntherius. — *De vetere et novâ medicinâ.*

Madame de Sévigné. — Lettres.

Molière. — *Œuvres.*

Guy Patin. — Lettres.

Tabarin. — *Œuvres.*

Abbé de Vallemont. — *Physique occulte.*

François Bacon. — *Sylva sylvarum*, centur. 10, n° 99.

Gassendi. — *Physica*, p. I, lib. IV.

Jonston. — *Thaumat.*, classif. 10, art. 3.

Bekher.—*Monde enchanté*, lib. IV.

Boerhaave. — *De chimiâ.*

Leclerc. — *Hist. de la Médecine.*

Gauthier. — *Essai sur la Médecine dès les temps les plus reculés.*

Félibien. — *Hist. de Paris.*

Dulaure. — *Hist. de Paris.*

Berthod. — *Paris burlesque.*

Loiseleur. — *Points obscurs de la Vie de Molière.*

Lister. — *Voyage à Paris* (1697).

Marquis de Lassay. — *Mémoires.*

Gilbert Legendre. — *Traité de l'Opinion*, vol. VII (Des Arts et de la Médecine).

Rouyer. — *Etudes médicales sur l'ancienne Rome.*

Maurice Raynaud. — *Les Médecins au temps de Molière.*

F. Brémond. — *Rabelais médecin.*

Witkowski. — *Médecine littéraire.*

Docteur Legué. — *Médecins et Empoisonneurs au XVII*e *siècle.*

Grave. — *La Pharmacie en France avant Germinal.*

Emile Gilbert. — *Les Moines et les Empiriques* (Les Moines, médecins et pharmaciens au moyen-âge).

La Pharmacie à travers les siècles.

Mémoires et Institutions sous Louis XIV, t. I.

Encyclopédie des Sciences médicales.

Et toutes les Publications et Revues traitant l'histoire de la Médecine et de la Pharmacie.

À Monsieur le Docteur Ambroise Reignier,

Officier d'Académie,

Médecin en chef de l'Hôpital Saint-Joseph de Moulins,

je dédie ce petit livre,

comme le témoignage d'une amitié

qui m'est chère !

E. G.

Empiriques et Dogmatiques

« Le raisonnement est nécessaire dans la
« médecine ; il rejette tout ce qui est obscur,
« hors la science, mais non pas hors de la
« pensée sage du médecin. »

CELSE, in Præf. Lib. 1.

CHAPITRE PREMIER

EMPIRIQUES ET DOGMATIQUES... Question peu nouvelle, se dira-t-on en présence de ce titre.

Mais y a-t-il bien du *nouveau* sous le soleil, depuis qu'il éclaire le monde, et que ce monde est monde ? Interrogez votre mémoire, interrogez vos livres, et vous jugerez de leurs réponses. Ces témoins vous diront ce que le spirituel chansonnier Nadaud fait répondre à son Pandore :

Brigadier, vous avez raison !

Or, depuis les maréchaux de la science et tous ses généraux, toute la hiérarchie de ceux qui y ont gagné leurs grades, jusqu'à ses plus simples et modestes brigadiers, tous seront d'accord sur ce point. — Ils seront sans doute contredits par les novateurs, quoique ces derniers n'aient non plus rien inventé.

Ce que bon nombre d'entre eux ont su faire pour créer du nouveau à tout prix, même en forçant la nature, est devenu une fatalité qui a introduit dans la science le fardé pour le naturel, l'excessif pour le vrai. On en voit l'exemple tous les jours. Combien y en a-t-il de ceux qui, malgré cette même nature, malgré les faits les mieux accomplis, les plus probants, comme aussi les mieux prouvés, ne sont parvenus qu'à faire dire à l'égard de leurs prétendues nouveautés : « *Ce n'est pas inventer que de produire ce qui n'est bon qu'à éviter !* »

Car, qu'on ne s'y trompe pas, avec ces fanatiques tendances à innover sans cesse, et cela dans presque toutes les branches de la science, aujourd'hui beaucoup songent moins à éclairer l'esprit qu'à l'éblouir.

Cette réflexion n'empêche point son auteur, et ceux qui pourront la partager, d'être les vrais amis du progrès. Mais, si on le voulait, on pourrait faire une ample moisson dans la collection des incidents qui en découlent ; l'énumération en serait prodigieuse.

Il n'entre assurément pas dans notre idée de vouloir assumer ni la physionomie, ni le rôle du célèbre censeur messire Caton. Les censeurs ne sont plus écoutés. Est-ce un bien ? Est-ce un mal ? Nous ne nous sentons pas de force à soutenir la discussion ; il vaut bien mieux en laisser le soin, comme l'appréciation, aux générations futures.

Il n'y a rien de nouveau sous le soleil ! Le roi Salomon, dans sa haute sagesse, a exprimé là une éternelle vérité qui possède aujourd'hui même force et actualité que de son temps.

De tout temps, aussi, la contradiction a été, comme aussi elle existera toujours.

La *Dispute de l'Antimoine,* que nous traitons plus bas, n'est point non plus nouvelle en son genre.

De tout temps aussi, Hippocrate a dit : *Oui.* De tout temps aussi, Galien a dit : *Non.*

Ainsi, Guy Patin disait : *Non,* comme les médecins chimistes du xviie siècle disaient : *Oui.* C'est donc pour cette raison toute historique qu'il nous est venu à l'idée de traiter cette question : *les Empiriques et les Dogmatiques.*

*
* *

Nous ne savons si vous partagez notre manière de voir au sujet des Empiriques ; mais, à tort ou à raison, ce sont des types qui ne méritent pas de rester dans l'ombre, non seulement du coté médical, où ils sont absolus, mais aussi du côté philosophique, social, dans lequel ils comptent tant de descendants, car Dieu seul est à même de connaître tous ceux qui les suivent, de nos jours encore, dans tous les systèmes, non seulement en médecine, en histoire, en philosophie, mais encore en... Arrêtons-nous là !

L'accord ne put jamais exister entre les Empiriques et les Dogmatiques ; aussi leurs controverses eussent été immortelles, si eux-mêmes avaient pu le devenir.

Une base solide, à leur point de vue, sur laquelle ils établissaient le principal fondement de leurs discussions, c'est l'origine particulière de la médecine proprement dite. Ils n'ignoraient point ses commencements qui étaient *empiriques*. Il faut reconnaître aussi qu'ils n'étaient pas précisément dans l'erreur, puisque, dès les obscurités du premier âge, la médecine fut privée de l'étude et des observations des sciences physiques, comme de l'explication des phénomènes dus aux constatations de l'anatomie.

Les Empiriques avaient, en première ligne, dans l'exercice de leur art, l'*observation*, c'est-à-dire la définition des maux que le malade avait éprouvés, ou, pour mieux dire, l'histoire des souffrances de chacun (1) ; ils admettaient l'expérience comme base de la médecine qui y avait ses trois sources.

A cette manière d'agir se joignait la *substitution*, c'est-à-dire l'essai d'une chose semblable qu'ils faisaient après avoir comparé une maladie avec une autre maladie, une partie du corps avec une semblable. un remède éprouvé avec un remède de même nature. Sur les *dartres*, par exemple, ils appliquaient les remèdes des *écrouelles ;* dans les maladies des bras, ce qui s'était pratiqué dans celles des jambes.

Et, pour être plus explicite, en envisageant à lui seul le médicament, s'ils jugeaient à propos de se servir d'un coing, utilisé dans leur médication à cause de l'*âcreté* de

---

(1) Ajoutons encore le *hasard*, qui fournit les faits et la marche de la nature qu'on doit observer et qu'ils appelaient *autopsie*, observation, et à défaut de l'autopsie, l'*histoire*. Comme aussi les essais entrepris dans le dessein de connaître quelle sera l'issue,

son principe, ils y substituaient la *nèfle,* dont l'âcreté n'est pas moindre.

L'observation, l'histoire et *la substitution* étaient les trois points fondamentaux de leur art ; il faut y joindre aussi l'*analogisme* et l'*épilogisme* (1), raisonnement à l'aide duquel on conclut des phénomènes sensibles à la cause ou lésion interne. Bref, leur système repoussait absolument toute physiologie, comme toute anatomie, prétendant que toutes ces connaissances ne servaient qu'à nourrir des spéculations oiseuses, sans fruit pour l'art médical.

Leur principale thèse avait pour point d'appui ce principe : C'est que toutes les questions qui roulaient sur les *causes naturelles* étaient *bien plus dangereuses* qu'elles ne savaient être utiles, la nature étant incompréhensible, *et le médecin ne pouvant être guidé que par l'expérience.*

« Pourquoi, clamaient-ils alors aux dogmatiques, croire plutôt Hippocrate qu'Hérophile ? Hérophile plutôt qu'Asclépiade ? Ils se contredisent perpétuellement dans les principes, comme dans les conséquences (2).

« Si on vous parle de cures, oh ! alors, vous affirmez que vous en faites. Mais dites donc la vérité : avouez donc que c'est plutôt la faveur que vous attribue la

---

(1) Raisonnement qui conduit d'un fait sensible à un fait caché.

(2) La secte des Dogmatiques avait pour fondateurs, dans l'antiquité, Philinus de Cos, disciple d'Hérophile, et Sérapion Asclépiade, médecin grec. Les Asclépiades, famille de médecins qui descendaient d'Esculape. Toutefois Pline et les empiriques eux-mêmes, remontant plus haut, ont regardé Acron d'Agrigente, plus ancien qu'Hippocrate, comme le fondateur de cette doctrine.

nature. Avec votre raisonnement on ne saura de quel côté se ranger, ni quel coursier enfourcher.

« Si l'on s'en rapporte à votre raisonnement, ô illustres savants, qu'en adviendra-t-il ?

« On vous entend discourir avec une égale probabilité.

« Il y en a parmi vous qui visent au titre pompeux de *rhéteurs*. Ceux-là s'expriment si bien, que leur talent oratoire masque toute vérité qui, ainsi travestie, est un Protée pour toutes les recherches.

« Les moyens qu'emploie la nature sont différents selon la constitution des lieux.

« Un raisonnement qui convient pour l'Italie ne convient point pour l'Egypte ; et qui saura vous dire s'il ne serait pas pernicieux pour les Gaules ?

« Vous qui vous intitulez pompeusement Dogmatiques, flambeaux de la science médicale, lumières olympiennes d'Hygie, croyez-vous que les raisonnements vous enseignent les mêmes choses que l'expérience, ou qu'ils vous enseignent le contraire ?

« Si les raisonnements vous enseignent les mêmes choses que l'expérience, ils sont superflus.

« Ou, si vous inférez quelque chose qui lui soit contraire, ils sont préjudiciables.

« Nous qui sommes éclairés par la vérité, nous ne considérons jamais les causes cachées des maladies, mais leurs causes évidentes, que comme le moyen le plus sûr d'en discerner les espèces, sans raisonner sur la manière dont ces causes agissent, sans nous mettre en peine d'autres choses que des remèdes que l'expérience nous indique. »

Alors le chœur des Dogmatiques, outrés d'une telle

audace, reprenait son antienne ; le chapitre lançait *ex cathedrâ* son blâme, son excommunication, sur ces téméraires disciples :

« Insensés téméraires ! Votre manière d'appliquer les remèdes ne pourra jamais être que fautive, si elle n'est guidée par le raisonnement (1) !

« Un remède, quelque éprouvé qu'il soit, ne saurait être employé avec succès, si l'on ne connaît le tempérament du malade, comme aussi les accidents de la maladie.

« Ne voyez-vous pas que les accidents, que toutes les circonstances en se modifiant peuvent rendre pernicieux ce qui, dans une autre occasion, aurait été utile ? Ce n'est que l'étude de la nature qui est capable de mettre l'homme en état de soulager ses maux ; c'est elle qui doit exciter dans le médecin dogmatique un zèle d'autant plus louable pour ses malades, qu'il se rendra utile, plus que vous, ô utopistes ! en faisant des découvertes nouvelles. Notre origine, poursuivaient-ils, a pour fondateur un philosophe et un médecin, Pythagore et Hippocrate.

« Quant à la vôtre, obscurs savants et descendants d'esclaves, est-elle plus noble que la nôtre ? Vous êtes les fils d'Asclépiade, descendant d'Esculape, le premier empirique ! Qu'était-ce donc ? Un *rhéteur* qui, ne pouvant vivre de son art, s'est fait médecin. Il ignorait sa

---

(1) Il nous faut constater, avant d'aller plus loin, que ces antagonistes des premiers âges étaient plus courtois entre eux, même dans leurs discussions acharnées, que ne le furent au xviie siècle, époque vantée pour son urbanité, Guy Patin et ses satellites à l'égard de leurs contradicteurs, dans la brûlante question de l'*antimoine*.

profession, la composition des remèdes et la médecine, deux choses alors indispensables, et bâtit sur cette ignorance le système que vous prônez.

« Il ne connaissait aucun médicament. Aussi, dans l'embarras où il se trouvait de son peu de savoir, que faisait-il ? Il n'en ordonnait aucun. Si, toutefois : tout ce qui ne signifiait rien et qui ne pouvait que faire plaisir aux malades et flatter leur goût. Ah ! ce n'est vraiment pas difficile d'être ainsi médecin ! Le premier venu peut indiquer les promenades, les conversations, les *belles phrases, l'abstinence du vin,* etc... Avouez donc le contraire ? Vous n'avez point de raisonnement.

« Or, Hippocrate seul puisa le premier dans la philosophie pour retirer de ses principes une méthode raisonnée.

« Hippocrate ne peut se tromper, ni être trompé. *Qui tam fallere quam falli nescit* (1). Vous ne guérissez personne, ou vous tuez vos clients. »

C'est ainsi que par une vérité (qui n'est pas toujours bonne à dire !) les dogmatiques terminent contre les empiriques ce virulent plaidoyer.

Malgré ces diatribes, ces derniers continuaient, *unguibus et rostro,* à essayer de faire tomber les dogmatiques sinon de leur chaise curule, du moins des escabeaux professionnels d'où ils péroraient. Mais aussi, empirique ou dogmatique, on est toujours homme, et la contradiction, dans la violence de la dispute, en vint à un tel point, que le critique Cardan a relevé, dans les deux camps de ces batailleurs champions, tant d'aveux, tant

---

(1) Macrobe.

de sentiments contraires, qu'il en a composé douze livres qu'il serait important de consulter (1).

— Comment finit la dispute ? Les dogmatiques se partagèrent en deux branches, dont l'une suivit Hippocrate, et l'autre s'attacha aux maximes d'Asclépiade. Contradiction mouvementée ! C'est alors que, jusqu'à la *nouvelle Ecole méthodiste* (2), qui se fonda vers la fin du premier siècle de l'ère chrétienne, l'anarchie se traduisit dans l'exercice de la médecine. Dogmatiques et empiriques n'avaient plus leurs querelles verbales, mais sous une autre forme ils continuèrent leurs hostilités.

De même qu'à l'époque de la crise antimoniale, il se trouvait sur la place Maubert, à Paris, des officines, boutiques dans lesquelles se perpétrait une effrénée et active concurrence contre les adversaires du nouveau système, de même, il y eut, à Rome, les mêmes incidents.

Les empiriques en furent l'âme ; certainement, parmi eux il s'en trouvait d'honnêtes, mais d'autres éhontés exerçaient sans vergogne dans les boutiques : *taberna*

-----

(1) Cardan, philosophe italien (1501-1576), était lui-même un empirique. C'est lui qui préconisa la médecine dite : « Signature extérieure des choses comme médicaments ». La *pulmonaire*, spongieuse comme le poumon, le guérit par application.

(2) On appelle secte ou *Ecole des Méthodistes* l'école de médecins dont la doctrine s'établit après celle des Empiriques et des Dogmatiques. Suivant les méthodistes, dont Thémison fut le chef, toute maladie dépendait du resserrement ou du relâchement (du *strictum* ou du *relaxum*). A ces deux genres de causes, ils en ajoutèrent une troisième, sous le nom de *genre mixte* ou *composé*, pour y classer les maladies qui, selon eux, tenaient de l'un et de l'autre des deux genres.

medicorum ! Là, ils débitaient toutes sortes de drogues sans aucun discernement. Des empiriques de bas étage naquirent les *Herbarii,* les *Seplasiares,* espèces de drcguistes qui ne craignaient même pas, avec des substances inertes, de vendre, dans une société en pleine décomposition, les poisons de Locuste chers à Néron et à ses vils courtisans.

Ces empiriques médecins et aussi pharmaciens sont très bien burinés par Cicéron dans son magnifique plaidoyer *Pro Cluentio,* où la société romaine est mise à nv.

Il nous apprend aussi que, parmi ces médecins, s'il y en avait de *vils,* il y en avait aussi d'honorables : *Utebatur autem medico ignobili* (1) *sed spectato homine.*

Quoi qu'il en soit, documents historiques en mains, il appert que la divergence d'opinions, que les contradictions qui engendrèrent l'*antique dispute des Empiriques et des Dogmatiques,* donna lieu à un entraînement vénal, dans un monde où tout l'était et où la conscience des uns était à vendre comme celle des autres. Cette dispute, dont la fin se perd dans les nuages des temps, fut la cause d'une loi prohibitive, et là, comme dans la question de l'*antimoine,* les pouvoirs publics s'en émurent. Car ce fut contre cette tourbe ignorante et sans morale reconnue que Sylla rendit un nouveau décret, qui n'était que l'ancienne loi *Aquilia* exhumée. Ce décret ayant force de loi impliquait « que celui qui fait le mal est responsable des accidents causés par son impéritie ».

Nous croyons devoir nous arrêter ici. Nous avons tracé

---

(1) Obscur, inconnu, non noble.

quelques lignes que des érudits, plus experts que nous
ne le sommes nous-même, étendront encore. On trou-
vera une mine vraiment riche dans les comiques latins,
dans Plaute et dans les satiriques, Juvénal et Martial ; et
dans les autres auteurs et historiens latins et grecs, une
ample moisson de faits destinés à établir une histoire
complètement documentée.

Pour nous, nous avons voulu tout simplement ériger
un conspectus qu'une plume plus autorisée que la nôtre
saura plus utilement développer.

Toutefois il faut remarquer, comme point historique
et scientifique, que cette vaine dispute ne fut que momentanément funeste à l'art médical.

La création de la médecine méthodique donne lieu à
l'apparition de médecins célèbres, tant dans les Grecs
que dans les Latins. Les divergences d'opinion, les discussions, les systèmes, leur choix, engendrèrent les
éclectiques (1), qui gardèrent ce qui était bon et élimi-
nèrent ce qui était douteux et mauvais. Ce fut Galien,
médecin grec, chef de cette brillante école, qui nous fait

(1) Médecins dont la secte fut fondée par Agathinus, disciple du
médecin Athénée. On l'appelait *hectique*, parce qu'elle s'attachait
à certains principes, et *épisynthétique*, parce qu'elle ajoutait ensemble différents principes. On ne sait au juste ce qu'étaient ses
dogmes.

En ces derniers temps, à la suite de l'éclectisme moderne des
métaphysiciens, certains médecins se sont dits éclectiques. S'il
s'agit de théorie, on peut blâmer cette façon de voir, aussi bien
en médecine qu'en philosophie ; toutefois, si l'on n'entend par
là qu'un examen impartial des résultats de l'expérience, la pré-
tention devient moins haute et renferme un bon conseil.

connaître de précieux commentaires sur Hippocrate et sur tous les médecins qui l'ont précédé ou suivi.

Néanmoins, quelques réflexions, susceptibles d'un regain d'actualité, trouveront ici leur place, en poursuivant cette esquisse.

CHAPITRE II

Si les partisans de l'Antimoine ne sont pas morts, on peut dire que ceux des Empiriques ne le sont point non plus.

L'Empirique a fait de nombreux élèves depuis son origine antique jusqu'à nos jours, où la *commère médicale,* une de ses filles, jouit encore d'un crédit si puissant.

Il serait oiseux, fastidieux même, de suivre pas à pas cet original énergumène dans sa course à travers la nuit des temps. Aussi demandons-nous grâce pour cette époque, et, laissant cette vue panoramique, nous arrivons à une période plus près de nous, au siècle de Louis XIV.

Promenons-nous sur le Pont-Neuf, siège de cette faculté où des professeurs empiriques, connus sous les noms de Mondor et de Tabarin, débitent avec emphase leur boniment. Ils prononcent des mots latins en vendant leurs remèdes et ont conservé de leurs ancêtres ce goût polyglotte que ces derniers possédaient aussi. Les Empiriques romains devaient parler un tantinet de grec pour avoir quelques succès. Au XVIIe siècle, c'était la mode : tous les serviteurs et les servantes des médecins de la Comédie devaient parler latin. Le Pont-Neuf, sous le grand roi, était le palais en plein vent des Empiriques de bas étage. Ils y débitaient les compositions médicinales :

> Vous, rendez-vous de charlatans,
> De filoux, de passe-volants,
> Pont-Neuf, ordinaire théâtre
> De vendeurs d'onguents et d'emplâtre.

C'était là le rendez-vous des opérateurs et des vendeurs d'orviétan, l'invention de Hyeronimo Ferrante Orvieto, qui l'exploitait lui-même. Mais la personnalité de l'empirique par excellence était celle de Desiderio Descombes, vêtu d'un habit rouge, *scarlatano*, d'où vient le nom de *charlatan* (peut-être aussi vient-il du verbe *sciarlare*, bavarder).

Là, ces empiriques vendaient des *pouldres à vers, pouldres en liqueur pour les douleurs de dents, breuvages pour coliques, ou mal de mer, voire mesme l'onguent pour la gale et la poudre de sympathie.*

Passe encore pour ces empiriques de basse volée, mais, sous Louis XIV, il y en avait d'une certaine marque. Ceux-ci n'en étaient pas recherchés davantage pour cela, et les guérisseurs empiriques et pas du tout médecins jouissaient d'une grande faveur.

Combien envoyèrent-ils au roi, à la veille de la grande opération de la fistule dont ce monarque était atteint, de formules, de recettes, pour éviter le bistouri dans cette royale affection (1).

Lisez Mme de Sévigné, et vous vous rendrez facilement compte de la vogue de cet empirique campagnard complètement illettré,dont elle cite le nom et dont le portrait portait le huitain suivant découvert par un érudit (2) :

> Sans grec, ni latin, ni grands mots,
> Avec une herbe, une racine,
> Ozanne guérit de tous maux
> Et surtout de la médecine.
> On voit de toute part Ozanne avoir la vogue :
> Dans le monde à présent, c'est le seul médecin
> Qui guérit tous les maux, sans mixtion, ni drogue,
> Sans grec, sans hébreu, sans latin !

Le croiriez-vous ? Toute la Cour y passa, jusqu'à Bossuet qui, malgré son dégoût pour cet énergumène, ne put faire autrement que d'accorder à une religieuse de Meaux l'autorisation d'aller consulter le médecin empirique.

Le clergé d'alors comptait parmi ses membres des empiriques qui s'affichaient hautement.

----

(1) D'après Dionis, cette maladie devint à la mode parmi les gens de grand air. Plusieurs courtisans choisirent Versailles pour se soumettre à l'opération,afin d'attirer sur eux l'attention du roi. Dionis, dans ses rapports, ajoute : « J'en ai vu plus de trente qui voulaient qu'on leur fît l'opération et dont la folie était si grande qu'ils se fâchaient lorsqu'on les assurait qu'ils n'en avaient pas besoin. » *O servum pecus !!!*

(2) *Paris burlesque*, de Berthod. Cet ignorant empirique, connu sous le nom d'Ozanne, était de Chandray, hameau de Seine-et-Oise,   3

Le frère Ange, capucin, qui distribue un *opiatte avec un syrop mésentérique et épatique,* résidant boulevard Saint-Antoine.

Le frère Pierre, des jacobins, qui fait des recherches dans la chimie, au faubourg Saint-Germain.

Le curé d'Evry, qui donne une boisson sudorifique dont la chaleur use la cause de la maladie.

M. Le Prieur (Prieur de Cabrie), rue de la Roquette, est fort célèbre pour un apéritif, propre à déboucher les *opilations* dans les deux sexes.

Arrêtons-nous ici.

Si Molière a cinglé la médecine et les médecins comme il l'a fait, à qui la faute ?

La faute en revient aux empiriques, ignorants fieffés, soutenus par le pouvoir royal, en dépit du bon sens.

Car les empiriques (et ce détail est peu connu) furent les premiers maîtres de Molière (1).

Ce sont eux qui lui donnèrent l'idée de se moquer de la médecine, puisque l'on prétend, d'une façon très sérieuse et prouvée, qu'il fut l'élève de Scaramouche, célèbre charlatan empirique, qui, vers l'année 1630, sous les piliers des Halles, vendait ses remèdes, non loin de la maison où vint au jour Jean-Baptiste Poquelin, l'auteur du *Malade imaginaire.*

Il n'y a rien de nouveau sous le soleil, nous le disions en commençant et nous le répétons encore. Les opposants aux systèmes soit médicaux, soit scientifiques, ont été et sont encore légion ; tous veulent faire prévaloir

---

(1) J. Loiseleur : *Points obscurs de la Vie de Molière.*

leurs idées, et surtout faire *prendre leur ours.* Malheureusement, en médecine comme en pharmacie, l'empirisme
vit encore, et la réclame effrénée chante ou déclame à
plein gosier ce que chantait le XVIIe siècle dans la
circonstance :

> J'ai, monseu, de fort bons remèdes,
> Vous dit l'un (Jamais Dieu ne m'ayde),
> Pour ce mal que vous savez ;
> Croyez-moi, monseu, vous pouvez
> Vous en servir sans tenir chambre.
> Voyez, il sent le musc et l'ambre,
> C'est du mercure préparé,
> Et jamais Ambroise Paré
> Ne laissa semblable remède.

Tout finit par des chansons. Mais, malheureusement,
on paie. Aussi, dans ce temps comme dans le nôtre, il
fallait, comme il le faudrait aujourd'hui, se dépêcher à
prendre le remède pendant qu'il guérit. Vertu qui dure
pendant la *vogue* et qui finit avec elle. Cependant il nous
semblerait juste, après avoir énuméré brièvement les
agissements empiriques qui, sous le règne du grand roi,
eurent tant de célébrité, de signaler, et cela sans indication
thérapeutique, les médicaments du temps (médicaments
nouveaux à leur époque) et qui, favorisés par la cour,
furent adoptés avec fureur par le public. Il faut, avant
tout, reconnaître que le point de vue le plus remarquable
de la thérapeutique d'alors fut l'empirisme sans raisonnement ; de là, l'apparition d'une matière médicale burlesque (1). Nous ne comptons point mettre en ligne ces

(1) A propos de remèdes burlesques, voici ce que narre Guy
Patin : « Un marchand d'orviétan s'était adressé au doyen

barbaresques formules, fruits de la médecine arabe et de l'occultisme si accentué qui l'entache. Toutefois, il en est une qu'il serait intéressant de signaler, tout en laissant dans l'ombre son côté suggestif, occulte en même temps, mais dont la composition *antiseptique* ne semblerait pas devoir être répudiée par la thérapeutique actuelle. Nous avons nommé *la poudre de sympathie.*

Qu'on se rassure ! Il ne saurait entrer dans le plan de l'auteur de ce modeste volume de se poser en juge des abus médicaux ou pharmaceutiques de ces temps historiques, ni de dénoncer de nouveau la tourbe de ces gens néfastes qui exploitaient à leur profit l'art de guérir. Notre savant confrère, M. le docteur Legué, dans son livre *Médecins et Empoisonneurs au* XVIIe *siècle*, a, d'ailleurs, su poser avec justesse et d'une façon indélébile, sur le front de ces criminels en renom, le bandeau d'in-

---

de la Faculté de Paris, Jacques Perreau, pour obtenir de lui un certificat favorable relatif à un opiat inventé par lui. Le doyen le repoussa et, par un intermédiaire, il obtint des certificats de douze médecins affamés d'argent. Le fait était grave ; c'était une drogue vendue par les charlatans du Pont-Neuf. Mais il y eut une punition. Le charlatan réitéra ses sollicitations auprès du nouveau doyen de la Faculté, Piètre, qui réussit à se faire remettre par lui l'approbation des douze médecins traîtres à la Faculté. Ils en furent chassés et demandèrent pardon. » Mais, ajoute Guy Patin méchamment, la tache est restée !

M. le docteur Legué, qui nous narre ce fait dans ses *Médecins et grandes Dames*, ajoute avec raison : « Certes, l'histoire n'était point à la louange des coupables ; mais le doyen et quelques autres n'eussent-ils pas sauvé l'honneur de la corporation en gardant le silence ?... »

famie. Nous voulons nous borner, nous, à des données purement historiques. Il serait cependant bien superflu de le nier : comment ne point considérer, dans la matière médicale *macaronique* de cette période, la *poudre de sympathie*? Elle y trouve sa place bien que, s'écartant de son but primitif et travestie par les sorcelleries de la Voisin et de la Vigouroux, doctoresses *in utroque jure* de la cabale, elle ait été entachée des criminelles obscurités inhérentes à la science diabolique de ces redoutables matrones.

Malheureusement aussi, un pharmacien de ce temps, homme de talent, Suisse d'origine, au plus fort de la dispute de l'antimoine, vendait, dit-on, des substances de cette catégorie. En homme expérimenté qu'il était, jugeant qu'il avait besoin de la consécration parisienne, il s'était d'abord installé au faubourg Saint-Germain, près du Petit Marché. Comme sa maison prospérait de plus en plus, il la transporta rue du Petit-Lion, qui commençait alors rue de Tournon, pour aboutir à la rue de Condé. C'était la pharmacie de Christophe Glazer, à l'enseigne de la Croix-Rouge. C'est là qu'il devint apothicaire du roi et de Monsieur. D'une incontestable science, on peut supposer (et c'est aussi la pensée de la Reynie) qu'il fournissait des substances vénéneuses et des poudres de sympathie à certains grands personnages. Grâce à leur protection, sa vogue fut établie ; mais il n'en fut pas moins vrai qu'il faillit être inculpé dans l'affaire des poisons et le procès de la Chambre ardente, qui en fut la conséquence.

*
* *

Aux substances médicamenteuses, — à l'*ipecacuanha*, par exemple, et au *quinquina*, qui excitèrent, sous Louis XIV, une indéniable curiosité, — il faut joindre les médicaments employés par les Empiriques, qui ne l'excitaient pas moins.

Les Empiriques étaient légion. Nous ne possédons point leur annuaire qui, seul, nous permettrait de les désigner spécialement. Mais Clio a su nous signaler les plus en renom de l'époque où nous nous arrêtons. C'est ce que l'on a pu constater dans le cours de cet exposé.

Toutefois,il est essentiel de rechercher les origines,et, en fait d'hypothèses, toutes peuvent être permises. Or, qui aurait des arguments assez plausibles à opposer à cette proposition, à savoir que, sans s'en douter peut-être, les empiriques empruntaient, nous ne dirons pas leur science, mais leurs pratiques à la *suggestion*? Un certain étonnement serait bien susceptible d'attirer un sentiment de crédulité sur ce point. Cependant, pour le sujet qui nous occupe, *la poudre de sympathie,* nous serions certains peut-être de ne pas errer, en considérant les qualités de celui qui en est réputé à bon droit non le premier auteur mais surtout le propagateur, le chevalier anglais Digby.

Né, en 1603, d'une illustre famille d'Angleterre, il fut comparé, dès son enfance, à Pic de la Mirandole, à cause de sa mémoire prodigieuse et de sa surprenante sagacité.

Pour des motifs politiques, à peine âgé de vingt-cinq ans, il quitta sa patrie et entreprit des voyages. Il rendit visite aux hommes les plus savants et les plus célèbres de son temps, parmi lesquels Descartes. En 1644, il

publiait, à Paris, un exposé de son système philosophique
sous le titre : *Traité de la Nature des Corps*. En 1657, et
jusqu'en 1658, Il résida à Montpellier, et c'est à cette
époque qu'il prononça, devant l'assemblée de l'Université, le discours relatif à la *poudre de sympathie*. Il apprit,
dit-il, le secret de sa composition d'un religieux carme
qui avait voyagé en Chine, en Perse et dans l'Inde. Il le
donna au roi Jacques, qui l'éprouva en plusieurs occa-
sions, puis à Théodore Turquet, de Mayence, qui, après
avoir été le médecin du roi de France Henri IV, passa
en Angleterre où il devint le médecin de Jacques Ier et
de Charles Ier. Turquet, néanmoins, l'avait passé au duc
de Mayenne, son protecteur, tué en 1621, au siège de
Montauban. Cette poudre, dite de sympathie, avait la
réputation de guérir les blessures sans voir ni toucher les
sujets, en en imprégnant un linge ou une étoffe, où il y
eut seulement du sang du blessé. Il cite pour témoins de
ce fait, Charles Ier, roi d'Angleterre, et le duc de
Buckingham.

Digby déclarait à l'Université de Montpellier que
l'effet de cette poudre ne pouvait avoir rien de plus
surprenant que celui d'une *pierre d'aimant* qui, placée
sous une table, fait remuer la limaille de fer disséminée
sur celle-ci, bien qu'elle soit séparée de l'aimant par
l'épaisseur du bois.

Quoique cette proposition n'engage en aucune manière
à croire à des effets si peu vraisemblables, elle n'y trouve
pas moins sa place. L'idée en est bien antérieure à celle
de Digby, puisque Paracelse (1) lui-même l'avait émise,

----

(1) Paracelse, chimiste, né en 1493, mort en 1541.

en mettant en avant la *persistance, pendant un assez long temps, d'un lien vital entre les parties détachées du corps d'un animal.*

Inventeur de l'*armarium*, ou onguent de *sympathie* (1), Paracelse dit qu'une application de cet onguent sur l'épée qui a fait une plaie suffit à guérir le blessé à une très grande distance !… A cette époque, ce fut grand émoi parmi les physiciens. Les uns prétendaient que la guérison était tout simplement le travail de la nature, les autres que c'était l'œuvre du diable, beaucoup enfin estimaient que c'était une fable.

Toutefois, sachons de Paracelse ce qu'il pense de l'opération *magnétique* ou dynamique des médicaments, en prenant son emplâtre *armarium* pour type. Voici comment il en explique les propriétés curatives :

« Les remèdes agissent par un épandage de leurs forces, par une vertu dynamique, par une odeur, un goût dont l'action est quelquefois instantanée. Quand vous appliquez un emplâtre sur une plaie, vous ne pensez pas que cet emplâtre se change en chair ; il opère *magnétiquement* par sa seule présence. Il en est de même des remèdes internes : plus leur nature est spirituelle, plus ils ont de vertu médicinale (2). »

---

(1) La composition de l'onguent appelé *armarium* est enseignée par J.-B. Porta, dans sa *Magie naturelle*, lib. 8, ch. xii. Il en attribue l'invention à Paracelse ; elle se trouve dans le traité *De Unguento armario*, de Glocénius, qui dit que Paracelse a perfectionné cet onguent et n'en a pas trouvé le secret. François Bacon, chancelier d'Angleterre, dans son livre intitulé : *Sylva sylvarum*, centur. 10, n° 99, en donne la composition.

(2) Paracelse *(in Archidoxis Magiæ,* lib. ii) a publié la compo-

Et sur quoi base-t-il son opinion? *Sur la persistance, pendant un temps assez long, d'un lien vital entre les parties détachées du corps d'un animal !...* Ces idées, il faut le reconnaître, attribuées à un agent inconnu, mystérieux, qui agirait à des distances considérables, aussi vite que la pensée et sans être arrêté par aucun obstacle, sont la loi et les prophètes qui régissent les théories du magnétisme animal, et rien, à cet égard, n'est bien nouveau puisque, après Paracelse, Digby, comme nous l'avons constaté plus haut, y trouve quelque analogie avec les phénomènes qui caractérisent l'aimant.

Il importe cependant de laisser dans l'ombre le côté purement théorique et de retomber dans certains faits plus pratiques et plus en rapport avec l'élément médical et pharmaceutique, *antiseptique* même, comme il sera facile de pouvoir s'en convaincre en poursuivant la lecture de ce travail.

Paracelse, dans le match actuel, semble détenir à lui seul le record. Dans son travail : *De tumor... pust... et ulcer... morbi Gallici,* il recommande la poudre du *vitriol de cuivre* pour la guérison de certains ulcères.

Digby affirme qu'il a guéri des blessures sans voir ni toucher les plaies, en trempant dans de l'eau imprégnée

---

sition d'un onguent vulnéraire que nous avons signalé dans notre livre : *la Pharmacie à travers les siècles.* Il renferme : sang humain, graisse humaine, usnée (mousse recueillie sur le crâne humain exposé à l'humidité !), huile de lin, huile de roses, bol d'Arménie. D'après lui, il suffisait pour guérir une blessure, sans douleur ni emplâtre, même à vingt milles de distance, de tremper dans l'onguent un morceau de bois imbibé du sang du blessé !...

.de vitriol des morceaux d'étoffe ou de linge taché du
sang des blessés, effet qu'il ne trouvait pas plus étonnant
que celui que l'aimant produit, même à distance, sur la
limaille de fer (1).

L'abbé de Vallemont (2) affirme que la *poudre de sympathie* — qui n'était autre que la poudre de *sulfate de
cuivre* et qui était employée dans certaines conditions, à
son époque, pour le pansement des plaies — ne se met
pas sur la blessure, pas plus que l'onguent sympathique
ne doit s'y mettre non plus. Poudre ou onguent doit être
fixé sur un linge imprégné de sang, qui a servi au pansement, ou sur l'épée ensanglantée qui a servi à faire la
blessure ! On doit toujours tenir la plaie couverte d'un
linge blanc ; on lève tous les jours ce linge, et on répand,
sur la matière qu'il emporte de la plaie, de cette poudre
de sympathie ; l'on pratique ainsi jusqu'à parfaite guérison. Cette poudre (3) arrête les pertes de sang, calme les
douleurs de dents, soulage toutes sortes de maux en
quelque endroit du corps que ce soit, non point en la
mettant sur la plaie directement, mais sur le sang qu'on
en tire et qui souille le linge qui a servi au pansement !...
Comment le savant abbé, qui est l'auteur ou, du moins,
le commentateur, d'après Rohault, du secret de l'*encre
de sympathie* (4), de la *lampe sympathique* de Jonston,
etc., nous explique-t-il ce phénomène ?...

« Ces effets sympathiques surprenants ont une analogie

---

(1) Nekker : *Monde enchanté.*
(2) *Physique occulte*, chap. x.
(3) Abbé de Vallemont, *loc. cit.*
(4) *Physique occulte*, chap. ix.

avec une expérience très facile et très commune : à savoir
que si la fumée d'une bougie éteinte va rencontrer à peu
de distance (retenons cette condition) la flamme d'une
autre bougie allumée, elle se rallume aussitôt, la flamme
étant transmise par cette trace de fumée. Par conséquent,
*il faut qu'il subsiste de même une trace de corpuscules très
déliés entre la blessure et le linge imbibé de sang, et que
cette trace communique et porte à la blessure la vertu et
l'efficacité du remède appliqué sur le linge* (1). »

Nous le répétons encore ; nous nous livrons ici sans
commentaires à l'exposé de ces faits. Tout en laissant
de côté le point de vue *suggestif, hypnotique* et même
magnétique, nous nous réservons de ne nous entretenir
que de la partie simplement médico-pharmaceutique.
Remarquons toutefois que de savants médecins, physiciens et chimistes de l'époque, — et, à leur tête, un des
plus remarquables, Van Helmont, qui composa un livre
(1617) intitulé : *De magneticâ Vulnerum Curatione,* lequel
eut alors une grande vogue, — furent de cet avis.
Cette opinion fut confirmée, du reste, par un médecin
fameux de la ville de Blois, Nicolas Papin, oncle de
l'inventeur de la machine à vapeur, Denis Papin. Dans
sa dissertation sur ce sujet, qu'il serait d'ailleurs superflu
de citer ici, il termine ainsi sa préface :

« *Toutes lesquelles choses, à dire le vray, ne réussiraient*

---

(1) « Et — ajoute l'auteur, en hygiéniste, avec l'intuition des
microbes — c'est pourquoi est une chose très malsaine de cra-
cher sur des charbons ardents, car les particules ignées suivent
les traces du crachat qui les soulèvent et les introduisent dans
le poumon. »

pas si bien, si l'opération se faisait en un lieu trop éloigné du blessé et si l'on gardait le linge ou l'étoffe teinte de sang et parsemé de poudre *dans un éloignement de plusieurs heures.* »

Plus tard, un médecin du nom de Maxvell, dans son livre : *De Medicinâ magneticâ* (1784), donne douze conclusions que nous ne reproduirons pas dans ce travail rapide et qui conseillent aux médecins qui veulent se livrer aux expériences *magnétiques* et à l'*extériorisation* de la sensibilité, les choses qui sont nécessaires pour la pratique de cette médecine, à laquelle, selon nous, l'application de la poudre de sympathie est liée d'une indéniable manière.

*
* *

Terminons donc ce simple aperçu par l'historique médico-pharmaceutique de la *poudre de sympathie.*

La divulgation en est due au chirurgien du duc de Mayenne, tué au siège de Montauban, en 1621. Ce praticien la vendit, moyennant des sommes importantes, à plusieurs personnes. C'est ainsi qu'elle fut connue du public.

Le nom de *poudre* convient-il à ce remède ? Dès le principe, le chevalier Digby ne se servait que d'une dissolution de *sulfate de cuivre* concentrée, dont il jugeait le degré en y trempant une lame de fer poli qui changeait de couleur comme si elle se trouvait muée en cuivre. C'est dans cette dissolution qu'on mettait tremper quelque linge taché du sang de la blessure que l'on voulait guérir, si le linge était sec. Mais, s'il se trouvait encore humide, on le saupoudrait de ce même vitriol pilé qui s'incorporait au sang encore frais. A chaque fois qu'une nouvelle dose de poudre y était mise, le blessé, *même à distance*, ressentait un bien-être tel que si sa plaie eût été directement pansée. Ainsi donc cette *poudre de sympathie* n'est que le *vitriol de Chypre pulvérisé*. Plusieurs y ajoutèrent de la *gomme adragante ;* mais cette addition, même au dire de Digby, ne donne à la poudre aucune vertu de plus. Selon lui, le vitriol de Chypre à dix-huit deniers la livre, employé seul, donne d'aussi bons effets.

La *poudre de sympathie* jouit d'une réputation considérable jusqu'à la fin du XVIIe siècle. Toutefois, le but que l'on désirait atteindre en l'employant, comme aussi la composition qu'on lui fit subir plus tard, furent l'un et l'autre changés. Au lieu de *sulfate de cuivre*, on y mit du *sulfate de fer*, et on y introduisit des matières étrangères sans vertu. Les sorciers, les sorcières, la Voisin, la Vigouroux, sous le règne de Louis XIV, vendaient et débitaient aux giandes dames d'alors des préparations qui, sous cette étiquette, semblaient correspondre à la réalisation des faits que ces sybilles empoisonneuses leur promettaient. Car, bienheureuses encore étaient celles qui n'étaient point nanties de cette préparation qui devenait *poudre de succession*, par le poison qu'elle contenait ! Des héritiers impatients, des femmes malheureuses en ménage changeaient en idées criminelles toutes idées de sympathie.

Il est certain, en effet, que ces nobles clientes, pour la plupart personnalités les plus considérables de la cour de France, un peu moins discrètes chez les sorcières qu'au cercle du roi, et dans un but peu avouable, se procuraient ces préparations souvent dangereuses, utiles à leurs amours clandestines comme à d'autres projets d'embellissements corporels (1). C'était, d'ailleurs, le moment de l'emploi de *poudres de sympathie*, lesquelles, s'éloignant de la composition de celle dont nous entretenons le lecteur, servirent à créer la locution encore en usage de nos jours : *jeter de la poudre aux yeux* (2). Laissons ce

(1) On rapporte que Louis XIV trouva, un jour de cercle, sur le fauteuil occupé par une noble dame, un petit billet oublié ainsi conçu : « Plus je me frotte avec la poudre, moins ils poussent ! » Un jour, il lui en demanda l'explication ; la noble dame lui répondit que, dépourvue de gorge, elle demandait aux artifices de la sorcière ce que la nature lui avait refusé.

(2) Les Mondor, les Tabarin et autres Gauthier-Garguille exploitèrent peut-être eux-mêmes la *poudre de sympathie*, comme aussi, sans doute, d'autres tromperies. Témoin la lampe sympathique, préparée en introduisant dedans du sang d'un homme, et qui brûle tant que vit ce dernier et s'éteint à sa mort. Si la flamme languit, si elle est lumineuse, cela dévoile même à distance l'état de la santé, les mouvements intérieurs et même les passions de cet homme.

Mais — *in caudâ venenum !* — prenez deux têtes de lièvre et la tête d'un chien ; faites-les dessécher dans un four ; réduisez-les en poudre ; introduisez cette poudre dans la cire d'une bougie ; faites l'y pénétrer par la mèche. Si vous l'allumez dans un lieu où il n'y a pas d'autres lumières, on verra passer et repasser un lièvre chassé par des chiens !

Et voilà, disent certains auteurs du temps, entre autres l'abbé de Vallemont pour son *encre de sympathie* qui fait son effet à travers une muraille, ce *que procure la force des esprits volatils qui traversent les corps avec une subtilité merveilleuse !*... « C'est ainsi, dit-il, que les expériences de l'électricité rendent les effets sympathiques croyables... »

côté tragiquement historique, et envisageons la vraie *poudre de sympathie*, médicament.

En 1676, Mme Fouquet, mère du surintendant des finances, fit imprimer à Lyon un *Recueil de receptes dûment éprouvées*. Dans cette publication, elle recommande la *poudre de sympathie* contre les hémorrhagies et les plaies.

Voici, à ce sujet, un témoin irrécusable, Mme de Sévigné, qui, dans une lettre datée du 28 janvier 1685, et adressée à son amie Mme Fouquet, parle en ces termes d'une plaie qu'elle avait à la jambe : « *J'avais*, dit-elle, *heureusement encore de la divine* sympathie ; *mon fils vous dira l'état où je suis. Il est vrai qu'une petite plaie, que nous croyionsfermée, a fait mine de se révolter ; mais ce n'était que pour avoir l'honneur d'être guérie par la poudre de sympathie* (1). »

Autre lettre, où elle dit : « Le baume Tranquille (2) ne faisait plus rien, c'est ce qui me fit courir avec transport à votre *poudre de sympathie* qui est un remède tout divin.

---

(1) Ce qui semble extraordinaire, c'est que la célèbre marquise larde de ses plaisanteries les princes de la science et les premiers de la Faculté, tandis que les charlatans et les empiriques la trouvent pleine de tolérance. Elle recevait, entre autres, le frère Ange, des capucins du Louvre, qu'elle vénérait de tout son cœur, en les appelant les *Pères Esculapes*. Nous avons noté plus haut les préparations que préconisait cet empirique. Mme de Sévigné collectionnait des recettes médicales, les communiquait à ses amis et s'en servait elle-même.

(2) Le baume Tranquille, ainsi nommé du nom de son inventeur, le Frère de ce nom, est une huile calmante contenant, par digestion, les sucs des plantes solanées : belladone, jusquiame, etc.

Ma plaie a changé de figure ; elle est quasi sèche et guérie. Enfin si, avec le secours de cette poudre que Dieu m'a envoyée par vous, je puis une fois marcher à ma fantaisie, je ne serai plus digne que vous ayez le moindre souci de ma santé. »

Reste à savoir maintenant comment cette spirituelle femme se servit de la *divine poudre de sympathie !* Est-ce par le moyen indiqué de son application sur un linge maculé de son sang, et à distance, ou tout simplement par l'application directe d'un linge ou d'une étoffe imprégnée de l'eau contenant en dissolution la simple poudre de sulfate de cuivre (poudre de sympathie)? Si, comme elle le dit, elle s'était servie du *baume Tranquille,* ce ne fut que par simple application peut-être. Alors, continuant la même manière d'opérer, elle put se servir de la dissolution seule, l'appliquant directement sur la plaie, en manière de compresses ou de lotions...

La charmante épistolière n'est plus ici-bas pour le dire ! Ne pourrait-on pas supposer aussi, d'un autre côté, que la *suggestion,* dans le cas de guérison à distance, y joua son rôle ?

Toutefois, et en dernier lieu, on pourrait aussi, si on le veut, examiner les rapports du cas qui nous occupe avec le magnétisme animal et parler des phénomènes de guérison obtenus par la simple volonté d'autrui... Mais les seuls faits réels sont ceux qui sont indiqués par l'*hypnotisme* et aussi le *somnambulisme,* où l'on voit quelquefois les facultés intellectuelles, morales, affectives acquérir un développement extraordinaire.

Suivant les limites que nous nous sommes tracées, nous répétons encore que notre idée n'évolue nullement dans le domaine de la suggestion, de l'hypnotisme, du magnétisme, ni de l'*extériorisation de la sensibilité* ; notre point de vue est simplement médico-pharmaceutique.

A ceux qui, parmi nous, voudraient être complètement intéressés à ce genre d'étude, nous conseillons la lecture du livre de M. Albert de Rochas : *Extériorisation de la Sensibilité, étude expérimentale et historique.* C'est en étudiant cet intéressant ouvrage si documenté, parfaitement écrit et divisé, appuyé sur des faits certains et historiques, que l'idée nous est venue de traiter, selon nos aptitudes et à un tout autre point de vue, la *poudre de sympathie* dont nous avions déjà parlé dans nos précédents ouvrages. Là, son but était complètement changé : elle servait d'armes aux empoisonneuses. Ici, nous en retrouvons la véritable formule conforme à notre objectif : la matière médicale.

Et c'est par quelques aperçus qui s'y rattachent que nous terminons notre histoire de la *poudre de sympathie,* avant tout *remède empirique !*

CHAPITRE III

Empirique ou non, qu'elle guérisse par contact ou à distance les plaies ou les blessures, l'effet curatif de la *poudre de sympathie* n'en est pas moins basé sur l'*antisepsie*.

Nul praticien, médecin ou pharmacien n'ignore que le *sulfate de cuivre* (vitriol de Chypre) possède une indéniable action contre les microbes de l'organisme. Il n'ignore pas non plus que de bien vieilles préparations, — comme l'*eau d'Alibour* pour la pharmacie humaine, et la *liqueur de Villatte* pour la pharmacie vétérinaire, destinées l'une et l'autre aux pansements des blessures, — renferment des quantités notables de vitriol bleu ou sulfate de cuivre, dont les propriétés sont cathérétiques et recommandées contre les ulcères. Paracelse seul, avant Digby, avait signalé cette propriété.

Ce dernier personnage, encyclopédie véritable, ami du merveilleux, adonné à la *palingénésie* végétale et animale, prétendait se livrer à une curieuse expérience.

Il obtenait du vert-de-gris en faisant corroder du cuivre par du *marc de raisin* et, exposant à la gelée la

solution verte ainsi formée, il se flattait de montrer sur
la glace qui s'y formait de petites figures qui, prétendait-
il, « représentaient excellemment des vignes » !

Selon lui, cette expérience suffit, à ceux qui veulent, en
philosophant, adorer la grandeur de Dieu, à raisonner
sur cette exactitude, cette émulation, ce penchant, que
les *corpuscules* s'attirent et se développent par *sympathie,*
comme dans les effets de la poudre de ce nom, et qu'aussi
la matière se conserve pour s'arranger, autant qu'elle le
peut, selon la figure que lui avait imprimée d'abord
l'auteur de la nature ! Ainsi qu'on le voit, la *sympathie*
qu'il préconise s'étend à toute la création.

Comme dans toutes choses surprenantes et nouvelles,
il y a les admirateurs et les détracteurs ; il est souvent
peu aisé de savoir qui se trompe ou est trompé ! Ce n'est
point à nous de résoudre le problème ; nous en exposons
tout simplement l'énoncé.

Peut-être les convaincus sont-ils, eux-mêmes, plus
croyants que ne le fut Rabelais, *médecin empirique,* en
agissant comme eux par substitution sympathique ; car
l'histoire raconte, qu'en quête de remèdes apéritifs utiles
à la maladie du cardinal du Bellay, et ne pouvant s'en
procurer, il obtint de la tisane en faisant bouillir des
clefs dans l'eau, prétendant que rien n'est aussi *apéritif*
qu'elles. C'est là, à n'en pas douter, une *sympathie
empirique !* C'est par ce dernier trait que nous terminons.

Toutefois, que sont devenus, pour les générations
actuelles, les noms des acteurs de ces combats scientifiques ? Ils sont, pour ainsi dire, ensevelis dans l'oubli.

Peut-on blâmer Sydenham lorsqu'il disait : « De quoi
me servira, quand je serai mort, que les huit lettres qui

forment mon nom soient prononcées dans la suite des temps par des gens qui n'auront pas plus d'idée de moi que je n'en ai d'eux maintenant ?... »

Sydenham avait raison : *Sic transit gloria mundi !*

Le fait est incontestable ; mais, quand les devoirs de la vie ont été religieusement remplis, la véritable ambition doit être satisfaite.

LA DISPUTE DE L'ANTIMOINE

NOTES PRÉLIMINAIRES

Avant que d'entreprendre le sujet suivant, deux mots d'explication semblent nécessaires pour tout profane en matière médicale.

L'antimoine est un corps simple signalé par Pline dans le chapitre III de son XVIIIe livre. Mais c'est un célèbre bénédictin de la fin du XVe siècle, Basile Valentin, qui fit le premier connaître la manière de l'extraire des mines. Avant le XIIe siècle, il ne servait qu'à la composition du fard. Ce ne fut qu'au XVe que Basile Valentin, à la recherche de la pierre philosophale, s'en servit pour avancer la fonte des métaux. Il employait l'antimoine métallique.

On raconte qu'un jour, il en jeta à des pourceaux et remarqua qu'après avoir été purgés à l'excès, ils engraissaient beaucoup. Persuadé par cette expérience que, s'il en faisait prendre aux moines, ses confrères, il leur rendrait une santé parfaite, il en composa des remèdes, des breuvages et des préparations ; mais, hélas ! il n'eut point la main heureuse ; tous ceux qui en firent usage furent empoisonnés. Ce purgatif violent tira son nom de ses premiers ravages et fut appelé : *antimoine,* comme contraire aux *moines.* Telle est la légende (1).

Basile Valentin travailla néanmoins à préparer ce minéral et, quand il eut, selon sa pensée, trouvé les moyens d'en adoucir les redoutables propriétés, il publia un livre qu'il intitula : *Le Char de Triomphe de l'Antimoine (Currus triumphalis Antimonii).* C'était, selon lui, une panacée capable de guérir toutes sortes de maux.

A la fin du xve siècle, Paracelse attira l'attention sur *l'antimoine,* qui, depuis cette époque, fut honni et décrié comme poison. Il était utilement employé par les empiriques qui s'en servaient comme remède, au préjudice de la médecine. Cet état dura longtemps, car déjà, depuis l'arrêt du parlement (1566), défense était faite à tout médecin de s'en servir.

Quelques médecins en devinrent jaloux, et en l'année 1637, ils employaient secrètement l'antimoine. En 1650, Renaudot le mit sur le pavois. Plusieurs médecins célèbres de l'époque s'en déclarèrent partisans. Guy Patin, pendant son décanat de la Faculté de médecine, en condamna l'usage. De là, naquirent des disputes acharnées, terribles, dans le corps médical. Elles se calmèrent enfin, le 29 mars 1666. Quelle épouvantable bataille ! On en jugera.

----

(1) Tout en enregistrant le réalisme de la légende, on ne saurait donner au Frère Valentin qu'un blâme certain pour le terme de comparaison peu relevé qu'il employait. L'analogie n'est pas d'un *select* bien recherché, ni à l'honneur de ses confrères.

Bref, l'antimoine est un métal, solide, lamelleux ou grenu, blanc bleuâtre, éclatant, opaque et cassant : il acquiert une odeur sensible par le frottement. Il est rarement pur et renferme de l'arsenic, du fer, du cuivre. On le purifie pour les usages médicaux (1).

N.-B. — Les mines d'antimoine de Bresnay (Allier) étaient la propriété des moines jacobins de Moulins qui les exploitèrent jusqu'à la Révolution. Depuis cette époque, elles ont été complètement abandonnées.

Si nous avons tenu à produire ici cette petite note, c'est que nous la pensons non seulement d'actualité locale, mais qu'aussi elle joue encore son rôle dans ce travail. Démontrerait-elle seulement que l'antimoine (ennemi des moines) a trouvé chez eux-mêmes des soins jaloux, que ce serait honorer leur charité chrétienne envers un dangereux adversaire ! La charité doit être aveugle, nous dit saint Paul.

---

(1) Pendant de longues années, on forma avec lui de petites balles que les malades avalaient pour se purger, et, comme elles étaient rendues à peu près intactes et qu'elles servaient indéfiniment dans les familles, où elles se transmettaient, on les avait nommées : *Pilules perpétuelles.*

La Dispute de l'Antimoine.

« Si des chimistes ont fait beaucoup de mal en
« pratiquant la médecine, sans en avoir une con-
« naissance suffisante, cela est arrivé par la faute
« des hommes et non par celle de la science. »

(BOERHAAVE.)

S'IL est une étude aussi curieuse qu'intéressante, c'est celle que l'on nomme à juste titre : l'histoire rétrospective. Toute histoire, ici-bas, possède ses annales ; l'histoire de la médecine et de la pharmacie, comme toute autre, a les siennes. Il est souvent intéressant en effet, comme aussi très attachant, d'étudier les faits passés ; certains sont oubliés ou peu connus, mais n'en sont pas pour cela dénués d'originalité.

La fameuse DISPUTE DE L'ANTIMOINE appartient aux annales médicales et pharmaceutiques, et entre dans cette catégorie. Ce tournoi scientifique a bien aussi son côté pittoresque. Si les chevaliers qui en furent les principaux champions, ne se distinguèrent pas par leur galanterie, soit dans leurs paroles, soit dans leurs actions, ils démontrèrent (ce qui n'est pas une chose indifférente) jusqu'où peuvent aller les préjugés et l'ignorance associés au plus tenace entêtement.

Le comique n'en est pas exclu ; bien au contraire, il surpasse complètement le sérieux, non seulement au détriment de la Faculté de médecine elle-même, mais, ce qui fut pis encore, à celui des médecins, des apothicaires et des malades.

C'est là l'incident le plus grave de cette épopée qui passionna les esprits au point de les faire sortir des limites sages et réfléchies, de les monter les uns contre les autres et de leur faire oublier l'importance de leur dignité.

Mais les temps sont changés. L'antimoine n'excite plus, comme jadis, de violentes et d'interminables disputes. Ses différents sels et ses composés jouissent, de nos jours, d'une parfaite et sereine tranquillité. Pour la plupart, souvent oubliés dans leur cloître de verre, ils sont aussi calmes aujourd'hui qu'ils le seront demain...

Seuls, le kermès et l'émétique se permettent quelquefois de rompre la clôture, et, obéissants nautoniers, ils se transportent, sur le canal des hydrolats médicinaux, où le praticien leur ordonne d'aller porter leur secours.

A notre époque, le corps médical est moins susceptible qu'au XVIIᵉ siècle : plus instruit, sans pédantisme, il est bien loin du portrait fixé par un sixain du temps, qui nous a conservé l'expression caricaturale du personnage :

> Affecter un air pédantesque,
> Cracher du grec et du latin,
> Longue perruque, habit grotesque,
> De la fourrure et du satin,
> Tout cela réuni fait presque
> Ce qu'on appelle un médecin.

Molière, comme Montaigne, comme Guy Patin (1) qui était pourtant médecin, poursuit avec une férocité terrible les médecins de son temps.

Guy Patin raconte qu'en 1661, lors de la dernière maladie de Mazarin, les médecins du cardinal étaient loin de s'entendre.

« Hier, écrit-il dans une de ses lettres, Guénaut, Valot, Brayer et Béda des Fougerais (2) *alterquaient* ensemble et ne s'accordaient pas de l'espèce de maladie dont le malade mourait : Brayer dit que la rate est gâtée ; Guénaut dit que c'est le foie ; Valot dit que c'est le poumon et qu'il y a de l'eau dans la poitrine ; des Fougerais dit que c'est un abcès du mésentère. Ne voilà-t-il pas d'habiles gens ? Ce sont les fourberies ordinaires des empiriques et des médecins de cour qu'on fait suppléer à l'ignorance. Cependant voilà où en sont réduits la plupart des princes. *Sic merito plectuntur.* »

Ici, la réalité ne vaut-elle pas la comédie ?

Cette petite digression peint le décor où va se dérouler l'action, car, que l'on ne s'y trompe pas, la question de l'antimoine ne fut qu'un prétexte ; le véritable motif, (quoique la chimie fût considérée comme œuvre diabo-

---

(1) Guy Patin, né à Houdan, près de Beauvais, médecin, doyen de la Faculté de médecine de Paris, fut aussi un écrivain célèbre (1601-1672).

(2) Les médecins de la cour d'alors n'étaient point non plus partisans de l'antimoine, pas plus que plus tard, sous Louis XIV, ne le furent Daguin, Valot, Guénaut. Le quatrième, Esprit, au contraire, prônait l'antimoine, l'émétique et d'autres remèdes charlatanesques.

lique), le véritable motif, disons-nous, était le désir de faire marquer une altière préséance dans la hiérarchie médicale, en ce qui touchait les titres.

Entre castes savantes, on se montrait les dents. En France, le chirurgien était peu considéré du médecin, et le médecin regardait de haut le pileur de drogues. Mais c'était surtout entre galénistes et chimistes que la querelle s'accentuait. La Faculté de Paris ne voulait point entendre parler de découvertes nouvelles et, par suite, les apothicaires, dans leur pratique, en essuyaient le contre-coup. Les apothicaires étaient accablés par la suprématie médicale dans toute sa rigueur. Il leur était défendu de délivrer aucun médicament sans l'ordonnance du médecin. En 1593, un autre édit les condamnait à la peine de l'amputation d'une oreille en cas de violation dudit arrêt. Toutefois, ces mesures extrêmes ne semblent pas avoir beaucoup ému la tranquillité d'esprit des apothicaires, et les jeunes « potards » du temps faisaient la nique à l'autorité avec autant de désinvolture qu'ils la font aujourd'hui. Bref, dans cette guerre, la Faculté ne cessa de s'ingénier à trouver des taquineries de toute nature contre les pharmacopées chimiques.

Tout semblait bon à la Faculté de Paris pour tracasser les apothicaires. Sous le fallacieux prétexte qu'on pouvait introduire par la voie rectale des aliments dans l'estomac, la dite Faculté eut la bizarre idée de faire soutenir la thèse suivante : « *An clysterium frangat jejunium ?* »

Cette question jeta un trouble épouvantable dans le respectable clan des apothicaires. C'était, en effet, la ruine du clystère pendant le Carême. Mais, par bonheur, Gaspard Bauhin, anatomiste célèbre, démontra à cette

phalange d'ignares que les aliments ne pouvaient pas
pénétrer au-delà du gros intestin, parce qu'ils y trouvaient
un obstacle qu'on nomma par reconnaissance : *Valvule
de Bauhin* ou valvule iléo-cœcale. On la désigne égale-
ment sous l'expression typique de *barrière des apothicaires*.

Cependant, aujourd'hui, les pharmaciens n'ont plus
guère de ressemblance avec les apothicaires, leurs devanciers. Si la médecine s'est lancée dans une voie
nouvelle autant que progressive, la pharmacie en a fait
autant. Les pharmaciens ne sont plus, heureusement, le
portrait de M. Fleurant, le maître-type des apothicaires
présents, passés et futurs, réputés ennemis de Dieu et
véritables homicides ! Leur science n'est plus une école
de cuisine digne de celle des sorcières de *Macbeth* ; une
instruction solide complète leur acquis. Une paix cour-
toise est établie entre les deux professions, et personne
ne s'en plaint ou n'oserait s'en plaindre. Les brandons de
discorde ne les échauffent plus, au point, sinon d'allumer,
comme chez leurs devanciers, les feux de la folie, tout
au moins d'engendrer un paroxysme de furie ; ce que les
faits suivants ne sauraient démentir.

Or donc, la fameuse dispute de l'antimoine fut un fait
inouï dans son genre et donna le jour à des scènes
épiques à nulle autre pareilles. Cette dispute avait suscité
contre les partisans des médicaments chimiques,— parmi
lesquels il faut nommer le *Crocus Veneris*, le *Crocus
Martis*, le *Réalgar*, le *Cuivre*, l'*Arsenic blanc*, le *Mercure*,
le *Plomb* et le *Zinc*, et avant tout l'*Antimoine* lui-même.
— des pamphlets, des diatribes et même des insultes.
Ces ineptes colères, dont les violentes critiques furent le

sommaire, et ces fausses idées persistèrent en s'accentuant jusqu'au milieu du XVIIIe siècle. Le torrent d'injures fut aussi impétueux que violent.

Un pamphlétaire écrivit dès le principe que, seul, le nom de *chimie* affirmait la supercherie et la crédulité des hommes : *Homo est animal credulum et mendax.*

La chimie est un art qui peut être ainsi défini : *Ars sine arte, cujus principium mentiri, medium laborare, finis mendicare.*

Les chimistes sont convaincus de leur propre ignorance, ils ne cherchent qu'à duper et à *embarquer* les gens riches, ce sont des imposteurs en général. Ils (les chimistes) se sont enfermés dans des labyrinthes, et ne se font valoir que par le mystère... *Omnia enim stolidi magis admirantur amantque in verbis quæ sub verbis latitantia cernunt.* Enfin, pour le couronnement : « Si tu veux te venger de ton plus cruel ennemi, conseille-lui de se lancer dans l'étude de la chimie. »

Vexations, mesquineries, taquineries étaient dirigées par la Faculté contre les docteurs et les apothicaires partisans de la médecine nouvelle, comme l'est ordinairement la grêle poussée sur un même point par un vent d'orage.

L'antimoine servit de prétexte à toutes ces hostilités et à la défense d'employer les médicaments chimiques. Il faut cependant constater que quelques accalmies semblèrent tempérer par une douceur relative les rigueurs prêtes à se déchaîner.

Mais, en attendant mieux, cela n'empêchait pas le parlement de bannir de son ressort trois physiciens chimistes, et ce à la requête de la Faculté, qui leur fit enjoindre de ne jamais hasarder l'enseignement d'aucune théorie contre les auteurs approuvés de l'antiquité, parmi lesquels Aristote occupait le premier rang. Dans un semblable milieu, l'agitation contre apothicaires et médecins partisans des médicaments chimiques ne fit que s'accroître ; les querelles commencées jusque-là et qui couvaient sous la cendre, se ravivèrent. Plusieurs médecins s'étant déclarés ouvertement en faveur de l'antimoine, l'usage commença à en devenir très commun, et la question de savoir si on pouvait s'en servir fut considérée par la Faculté comme un véritable problème. Un médecin du nom de Jean Chartier se posa en défenseur de l'antimoine et publia un livre, dans lequel il lui donnait le nom de *Métal des Sages*. Un autre médecin, Jean Perrault, se montra hostile au fameux métal et publia une dissertation sous le titre de *Rabat-joie de l'Antimoine*. Mais cela était loin d'empêcher la chimie de prendre de l'extension dans plusieurs villes du royaume, et notamment à Montpellier. Tandis qu'à Paris, on en tenait pour les trois S : *Séné, Seringue, Saignée ;* à Montpellier, on prônait les remèdes chimiques et l'antimoine en particulier.

Un médecin de cette ville, Théophraste Renaudot, vint à Paris, où il fonda le *bureau d'adresses,* le *mont de piété* et le *journalisme ;* établit les *consultations gratuites,* en traitant quand il le fallait ses malades avec des remèdes chimiques. En outre, il fit paraître un travail qui avait pour titre : *Panégyrique de l'Antimoine justifié et triomphant.*

Il obtint grand succès dans sa médecine. La dispute continua jusqu'en 1637 et Renaudot se manifeste très ouvertement l'ami des apothicaires. Historiographe du roi (1), protégé par le duc de Richelieu, il n'en resta pas moins en butte aux persécutions des médecins de Paris, jaloux de ses succès. Ils s'en prirent à Montpellier, et il y eut une violente polémique entre Guy Patin, Riolant, Turquet, etc. La galanterie, il faut bien le constater, ne régnait bien ni dans les attaques ni dans les répliques. Guy Patin s'avoua alors aussi ouvertement contre les apothicaires, que Renaudot était pour eux. Les apothicaires portaient ce dernier sur le pavois ; n'avait-il pas fondé sa *Gazette* en leur faveur et établi, sur la place Maubert, son cabinet médical où il se livrait à des consultations publiques en dehors de tout concours des médecins de la Faculté ? Toutefois, si Guy Patin était homme d'esprit, il n'en montra pas la largeur en

---

(1) Th. Renaudot recherchait depuis longtemps le titre d'historiographe du roi. Il l'obtint d'une circonstance bizarre : Dans une réunion à Saint-Germain, en présence du roi, un jeune seigneur racontait une histoire un peu égrillarde, paraît-il ; à force de rire, Mlle de Lafayette s'oublia... Le roi fit le huitain suivant :

> Petite Lafayette,
> Votre cas n'est pas net,
> Vous avez fait pissette
> Dedans le cabinet !
> A la barbe royale
> Et même aux yeux de tous
> Vous avez fait la sale,
> Ayant p... sous vous.

Le roi voulait envoyer ces vers à *la Gazette*. Richelieu pria Renaudot de ne pas les insérer. Celui-ci voulut bien y consentir, mais à condition d'être nommé historiographe du roi, ce qui arriva grâce à l'influence du duc.

s'associant à l'expansion d'une haine mesquine contre les apothicaires dont il devint l'ennemi juré. Que fit-il alors avec ses conjurés ? Il ne prescrivit plus de formules médicamenteuses ; il s'en tint à l'eau chaude et à la saignée. On conçoit très aisément que Renaudot eut la vogue, car l'économie dans l'emploi des drogues, l'exclusion du latin dans les formules, et enfin le bon marché, eurent bientôt beaucoup de faveur dans le public qui, au moins, lui, y comprenait quelque chose ! Pendant ce temps-là, Guy Patin bombardait les pauvres apothicaires de suaves et douces épithètes, dont celles de : *enragés, ivrognes, empoisonneurs, triacleurs,* étaient les moindres.

Peut-être que la Faculté galéniste préférait de beaucoup aux substances chimiques issues du Tartare, des poudres de parties d'animaux, des cornes de rhinocéros, des vipères, des produits d'animaux de toutes sortes, l'épine dorsale de la lamproie, des emplâtres de térébenthine, des gommes-résines, des dents de loup, etc.!... Assemblage macabre et fantastique, s'il en fut jamais ! Ne vous semble-t-il pas que la sorcière Canidie, redoutée et maudite, tour à tour conspuée et vantée par Horace, ait légué son art infernal, ses débris de navires naufragés, ses parties de glaive souillé d'un sang répandu par le crime, et ses amphores d'airain dans lesquelles ont cuit, mijoté et bouilli les plus hétéroclites mélanges de plantes et d'animaux, si chers aux galénistes et à la pharmacopée de ce temps (1)?

---

(1) Néanmoins, parmi ces galénistes, il s'en trouvait un, Daquin, médecin de la cour, attaché au roi par la protection de Mme de

Et des hommes (ce fut là leur crime) sont assez téméraires pour venir renverser cette funèbre marmite ! Quelle audace, en vérité, et quelle énergie leur faut-il pour refouler, dans les profondeurs de leurs alambics, ces denses et lourdes vapeurs, ces sinistres fumées des sortilèges et des conjurations !

Grâce à ces esprits plus aventureux, la science, quoique gardant son empreinte fantastique, s'efforce d'entrer dans le domaine de la vérité et recherche dans les combinaisons chimiques un moyen de fournir à la médecine des remèdes aptes à soulager ou à guérir.

Quoi qu'il en soit, la dispute au sujet de l'antimoine fut poussée si loin que les pouvoirs publics s'en émurent.

La Faculté de Paris restait impitoyablement murée aux découvertes nouvelles. D'ailleurs, ce mouvement ne s'opérait que par les mesquines tracasseries des galénistes sur les chimistes. Il n'est pas jusqu'au parlement qui ne se soit mêlé de ce qui ne le regardait pas et n'ait parlé comme un aveugle de couleurs, ou comme une collectivité ignorante de la matière dont il n'avait pas la clef.

En effet, en 1566, sur l'avis solennel de la Faculté de médecine, le parlement, regardant l'antimoine comme un poison, en avait interdit l'usage.

Guy Patin avait inscrit sur un énorme registre le nom des malades tués par l'antimoine, et l'avait intitulé : *Le Martyrologe de l'Antimoine ou le Témoignage de la Vertu*

Maintenon, qui ne devait pas l'être par conviction. Selon Guy Patin, qui le prit à partie : « C'était un cancre, charlatan, mais riche en fourberies chimiques et pharmaceutiques. » (Lettre de Guy Patin, 1725.)

émétique. C'est alors que la dispute devint tellement aiguë, que le parlement ordonna à la Faculté de s'assembler pour en délibérer.

Cent douze médecins se réunirent, et quatre-vingt-douze furent d'avis de mettre le *Vin émétique* au rang des remèdes purgatifs. Suivant leur avis, la Faculté rédigea son assentiment pour en autoriser l'usage et le faire inscrire au *Codex* qui parut en 1637. Sur l'avis de la Faculté, le parlement rendit un arrêt par lequel il était permis aux docteurs en médecine seuls de se servir de *l'antimoine,* et en particulier du *Vin émétique,* d'écrire sur ses propriétés, de les discuter, et défendit à toute autre personne d'en faire usage sans l'avis d'un médecin.

Comme on le voit, l'antimoine eut raison ; mais les médecins-chimistes et les apothicaires eurent le dessous.

Guy Patin était alors doyen de la Faculté, où, malgré son esprit de littérateur et de pamphlétaire, il n'empêcha pas les idées nouvelles de briser des digues, jusque-là réputées d'une solidité à toute épreuve.

Mais la Faculté, si bien lancée dans les réformes toutes hostiles à la chimie minérale naissante en thérapeutique, semble aussi vouloir s'attaquer vigoureusement à ce qui fera partie, plusieurs siècles après elle, d'une autre variété de cette même science, qui prendra le nom de « chimie organique ». Voici dans quelles circonstances son zèle ridicule lança encore des anathèmes !

Guy Patin, Brayer, d'autres membres de la Faculté dépensèrent deux mois de délibérations sur l'important objet connu sous le nom de *Question du pain mollet.* On venait, en effet, pour ces petits pains de luxe, de substituer la levure de bière au levain ordinaire. Chargés de juger la levure au point de vue hygiénique, quarante-cinq docteurs régents, contre trente, décidèrent qu'elle « était contraire à la santé et préjudiciable au corps humain », à cause de son âcreté née de la pourriture de l'orge et de l'eau. Et voici pourquoi votre fille est muette !

Guy Patin, qui rendit ce beau jugement, écrivait à ce propos ce superbe commentaire : « Messieurs du Parlement ont député six médecins de notre Faculté, desquels je suis l'ancien. Nous nous assemblerons un de ces jours, et ferons le procès à cette levure de bière qui n'est qu'*une vilaine crasse*. »

Ainsi, voilà le parlement en l'air, sens dessus dessous, la Faculté aux abois, pour savoir si cette *vilaine crasse* est ou n'est pas nuisible à l'alimentation. Voilà la diplomatie en jeu, comme elle le fut entre la France et l'Espagne, pour bien établir « si les vipères sèches avaient, dans leur emploi dans la thériaque, autant de propriétés thérapeutiques que les vipères fraîches ». En présence de faits de ce genre, on croit rêver ! Mais, malheureusement, la réalité est palpable. Il est toutefois regrettable de voir figurer, dans ces incidents carnavalesques, des noms d'hommes intelligents, momentanément aveuglés par un entêtement qui n'avait d'autre cause que l'orgueil, l'*invidia pessima* des Latins.

Guy Patin tient le premier la corde, non seulement dans l'affaire du *pain mollet*, mais encore dans celle de l'antimoine. L'homme d'esprit peut devenir naïf, quand la passion du parti-pris rétrécit et égare son jugement.

Ce dernier trait, pris dans sa correspondance, une des plus fécondes de son siècle, en fournit la preuve : « L'antimoine, écrit-il, a été condamné par deux décrets solennels de notre Faculté, tous deux autorisés par la cour du Parlement par arrêt, l'un en 1566, et l'autre en 1615. Il fallait, premièrement, casser ces deux décrets par trois assemblées tenues exprès. On n'a rien fait de tout cela, et aussi *l'antimoine demeure poison*. » Poison, par décret solennel ! Qu'en aurait pensé Brid'oison ?

Convenons-en : si Molière a tant fait rire des médecins de son temps, les vrais et les plus réputés médecins, sans oublier les apothicaires, se sont offerts comme cibles aux balles de ses plaisanteries.

D'ailleurs, bafoués et raillés, médecins et apothicaires l'ont été de tout temps. Cela ne prouve rien. Si, pourtant, cela prouve quelque chose : c'est que toutes les professions ont leurs ridicules. La statuaire, la caricature, le théâtre ne les ont pas laissé perdre. Toutes les professions ont provoqué le rire sur la scène. Racine a ridiculisé les juges dans son personnage de Dandin, Le Sage a bafoué les traitants dans son personnage de Turcaret, Molière a ridiculisé quelques médecins de la Faculté et des apothicaires. Cela est évident ; mais les anciens parlementaires, malgré Racine, ont contribué comme juges, comme politiques, comme écrivains, à la gloire de la France, et ont conquis à la justice française un titre bien mérité. Turcaret, type du traitant de Le Sage, n'a pas empêché Lavoisier d'acquérir l'estime générale, à une époque où les fermiers généraux n'étaient pas précisément voués aux bénédictions populaires. Et Molière, lui-même, en ridiculisant quelques médecins et quelques apothicaires, n'a pas empêché la Faculté de fournir à la France des hommes remarquables dont les noms ne seront jamais oubliés.

Deux mots, et nous finissons cette notice, peut-être bien longue pour l'intérêt qu'elle a pu présenter. La dispute de l'antimoine, quoiqu'on puisse dire, a été le point de départ d'une importante innovation en thérapeutique. Elle servit à trancher d'une manière définitive la matière médicale, la pharmacopée et la thérapeutique. La lutte, mesquinement commencée, ne fut pas stérile et, si nous considérons avec patience le chemin parcouru depuis, quelle n'est pas la longueur infinie de la route et que d'étapes glorieuses y sont signalées !

Honneur donc à ces novateurs qui changèrent la physionomie de la médecine et de la pharmacie ! La pharmacopée chimique était créée. Les médicaments actifs, employés sous un petit volume, commençaient à être en faveur, même auprès de ceux qui s'étaient déclarés les plus hostiles à l'invention aussi bien qu'à l'application thérapeutique de la chimie médicale.

Les médecins et novateurs chimistes ne furent plus traités d'*ivrognes* ni d'*enragés empoisonneurs*. Quand nous dirons que toutes les nations apportèrent leur contingent à cette innovation dans la thérapeutique, nul ne nous contredira. De tous les côtés, surgirent des hommes illustres : Van Helmont, Robert Boyle, Robert Fludd et Glauber, et enfin Boerhaave.

Une curieuse lettre de ce dernier savant résume, à elle seule, toute la situation si tendue de la querelle des galénistes et des chimistes.

« Avant que l'on eût connu, dit-il, la chimie dans son application à la thérapeutique, la médecine qui ne consistait presque, dans les écoles, que dans un jargon vide de sens, était devenue complètement galénique et uniquement soumise à la doctrine des Arabes. Ainsi, n'employant que la saignée, la purgation, un petit nombre de remèdes qui avaient quelque efficacité, elle fut hors d'état de dompter bon nombre de maladies et fut obligée, par là, de céder aux remèdes héroïques que fournissait la chimie, ce qui augmenta les trophées de cette dernière science. Par là, la condition de l'ancienne médecine galénique semblait réduite à un état très fâcheux ; car les médecins, après s'être donné beaucoup de peine pour connaître la nature de l'homme dans la vue de découvrir par ce moyen l'origine et la manière de guérir les maladies, voient tout ce qu'ils ont découvert avec tant de travail sur les causes, les signes, les pronostics, l'exposition et la guérison des maladies, contrecarré par l'introduction de la chimie dans la pathologie. Il serait à souhaiter que les médecins qui ont de l'éloignement pour la chimie voulussent bien réfléchir et ne pas condamner un art qui peut leur être d'un grand secours sans leur nuire jamais. Si des chimistes ont fait beaucoup de mal en pratiquant la médecine sans en avoir une connaissance suffisante, cela est arrivé par la faute des hommes et non par celle de la science. »

Enfin, le bon sens populaire se montra favorable aux idées de progrès, et le défi, très courageusement lancé à la routine trônant sur son siège professoral, l'avertit que le fauteuil sur lequel elle s'était pédagogiquement installée commençait à craquer de toutes parts, et que, vermoulu et branlant, il était temps pour elle de le quitter avant son effondrement total.

L'antiquité cessa peu à peu de devenir la seule inspiratrice de la médecine. Mais remarquons en terminant que la médecine et la littérature du XVIIᵉ siècle subirent un sort commun. Tous les grands auteurs qui imprimèrent le mouvement littéraire au temps de Louis XIV étaient inféodés aux génies de l'antiquité. La Bruyère traduit Théophraste, — Fénelon, Platon, — Molière, Plaute et Térence, — Boileau, Horace, — Racine conserve l'essence du génie hellénique en côtoyant Euripide, — Descartes ressuscite Aristote. La langue française se revêt de la majesté des phrases latines, et, jusque dans les oraisons funèbres de Bossuet, on sent s'émouvoir la grande âme de Tertullien. Donc, la médecine de ce temps n'est pas la seule science soumise à l'influence de l'antiquité qui dominait les idées, comme le soleil domine l'espace.

Enfin, dans cette lutte du moderne contre l'ancien, qui osa narguer avec audace l'aristotélisme, qui imposait ses barrières à la médecine comme à la magistrature ? Ce fut la poésie. Le doux Racine ose rire à la barbe de ce grand philosophe grec, ce flambeau à cinq branches qui éclaira les intelligences de son pays des fulgurants éclats du syllogisme ! Il poussa même l'audace, dans ses *Plaideurs*, jusqu'à lui emprunter le motif de ses inspirations. Observons Perrin Dandin recevant de l'Intimé, qui plaidait dans l'affaire d'un vol domestique, cette apostrophe :

L'INTIMÉ

Aristote, *primo, peri politicon,*
Dit fort bien...

DANDIN, *intterrompan.*

Avocat, il s'agit d'un chapon
Et non point d'Aristote et de sa politique !

L'INTIMÉ

Oui, mais l'autorité du Péripatétique
Prouverait que le bien et le mal...

DANDIN

               Je prétends
Qu'Aristote n'a point d'autorité céans !
Au fait !...

Il est facile de se rendre compte que médecins natura-
listes, et surtout apothicaires du temps, n'auraient osé
porter une botte si bien dirigée au maître et au père du
syllogisme. Aussi, on comprend aisément qu'il fallait être
ou Racine ou Molière pour tenter un semblable assaut,
tant grande était l'autorité à « entamer », *tantæ molis erat
romanam condere gentem !*

Toutefois, toute histoire finit ordinairement par une
morale ; et, de cette histoire, la morale la voici : C'est que,
malgré les diatribes lancées depuis les temps les plus
reculés contre les médecins, comme aussi contre les
pharmaciens, on est en droit de faire une réflexion, et
on peut la formuler ainsi :

Enthousiastes hier, quand les malades réclamaient les
soins des médecins, en même temps que les remèdes
préparés par les pharmaciens, ils deviennent dénigrants,
aujourd'hui que leur santé leur est revenue. Semblable
versatilité n'a pas le droit de surprendre quiconque
connaît le cœur humain ! Corneille, qui en avait fait une
si profonde étude, parle ainsi, dans sa *Rodogune*, des
sentiments dont la reconnaissance est l'unique base :

Si d'un péril pressant la terreur vous fit naître,
Avec ce péril même on vous voit disparaître,
Semblables à ces vœux dans l'orage formés
Qu'efface un prompt oubli quand les flots sont calmés !

TABLE DES MATIÈRES

OUVRAGES DU MÊME AUTEUR

1867

Essai historique sur les Poisons, suivi d'une esquisse sur la Pharmacie au moyen-âge et d'une dissertation sur la manne des Hébreux.
— Grand in-8° de 300 pages. (Moulins, imp. Fudez frères.)

1869

Passe-Temps historique et scientifique. — Petit in-8° de 318 pages, renfermant :

1° *Histoire de la bière et de l'hydromel dans l'antiquité ;*
2° *L'alchimiste Bazile Valentin ;*
3° *Le Feu grégeois* (étude historique et critique) ;
4° *Notes pour servir à l'étude des Engrais dans l'antiquité.*
(Moulins, imp. Fudez frères.)

1875

Les Moines au moyen-âge ; leur influence sur l'étude des Sciences chimiques, naturelles et pharmaceutiques. — In-8° de 296 pages.
(Moulins, imp. A. Ducroux et Gourjon-Dulac.)

1876

Coup d'œil sur les Poisons et les Sciences occultes, depuis l'antiquité jusqu'au XVIIIe siècle (mémoire couronné au congrès des Sociétés de Pharmacie de France et des Sociétés savantes).— In-8° de 60 pages, traduit depuis en anglais (août 1876), congrès de Clermont-Ferrand. (Moulins, imp. Crépin-Leblond.)

1880

Philtres, Charmes, Poisons (Antiquité, moyen-âge, Renaissance, temps modernes). — Grand in-8° de 150 pages. Ouvrage couronné par l'Institut de France, Académie des Sciences, concours Barbier, 1881, et par la Société de Médecine de Marseille, même année. Traduit en anglais. (Imprimerie Maulde et Renou, Paris.)

Diètes extraordinaires; mémoire en collaboration au journal l'*Union pharmaceutique*, Paris.

1881

Les Kakims ou droguistes persans; mémoire en collaboration au journal l'*Union pharmaceutique*, Paris.

1882

Essai historique sur les Talismans, depuis l'antiquité jusqu'à nos jours; suite d'études complétant les *Philtres.*— Grand in-8° de 90 pages. (Imp. Maulde et Renou, Paris.)

Etudes agricoles sur l'ancienne Rome. — Grand in-8° de 50 pages. (Imp. Vialelle, Toulouse.)

1883

Le Nitre et ses propriétés fertilisantes. — Grand in-8° de 50 pages. (Imp. Vialelle, Toulouse.)

Le Devoir, le Rôle du Pharmacien dans la société française à la fin du XVIe et au commencement du XVIIe siècle. — Grand in-8' de 20 pages. (Imp. Maulde et Renou, Paris.)

1884-1885

Essai historique sur les Vins dans l'antiquité, le moyen-âge et la Renaissance. — In-8° de 150 pages. (Imp. Vialelle, Toulouse.)

1886

Hygiène de la Table chez les Anciens; mémoire de 16 pages. — In 8° (Paris).

1887

La Physiognomonie, étude de la ressemblance de la physionomie de l'homme avec celle des animaux. — Paris.

*Faits touchant à l'étude des Plantes pharmaceutiques procurant
l'anesthésie et l'hypnotisme (antiquité).* — Grand in-8° de 15 pages.
(Imp. Vialelle, Toulouse.)

1888-1889

La Momie médicament ; mémoire en collaboration au journal
l'*Hygiène pratique*, Paris.

1889-1890

L'Alchimiste-Magicien, scène de l'Alchimie magique au moyen-âge. —
In-8° de 60 pages. (Imp. Faustin-Hélie, Paris.)

Sur une prétendue Pluie de sang en Cochinchine ; mémoire publié
dans le *Bulletin de la Société de Pharmacie du Sud-Ouest.*

1889-1891

L'Horticulture dans ses origines sacrées et profanes (couronné par
une grande médaille d'or au concours de la Société nationale
d'Horticulture de France). — In-8° de 270 pages. (Paris.)

1891

La Pourpre, son histoire, ses propriétés médicinales. — Petit in-8°
de 50 pages. (Imp. Auclaire, Moulins.)

Un vieux Médicament : étude historique et humoristique sur la
« Thériaque d'Andromaque ». — Grand in-8° de 10 pages. (Imp.
Faustin-Hélie, Paris.)

1892

Une curieuse Statistique. Les Pilules et la Pharmacopée anglaise.
(Bulletin de la « Société de Pharmacie de Lyon ».)

1893

*La Pharmacie à travers les siècles, avec une étude bibliographique et
historique sur la botanique, la zoologie, la minéralogie et les
sciences accessoires à la pharmacie, depuis l'antiquité jusqu'au
XVIIIe siècle, avec appendice renfermant :*
> 1° *Notes sur la Pharmacie dans l'ancienne Rome ;*
> 2° *L'Hydrologie aux XVIIe et XVIIIe siècles ;*
> 3° *Inventaire d'une Pharmacie au moyen-âge ;*
> 4° *Composition d'une Pharmacie au XVIIe siècle ;*

5° *Une Consultation médicale au moyen-âge* ;

6° *Bibliographie et sources principales des matières contenues dans l'ouvrage.* (Couronné par l'Institut, Académie des Sciences, décembre 1893, prix Barbier.) — Grand in-8° de 455 pages. (Imp. Vialelle, Toulouse.)

1894

L'Hygiène de la Table au moyen-âge. — In-8° de 50 pages. (Imp. Vialelle, Toulouse.)

Contribution à l'étude des substances marines, végétales, animales, minérales, employées en pharmacie, du IXe au Xe siècle inclusivement. — In-8° de 400 pages. (Paris.)

Les Plantes gallo-romaines, leurs graines, leur germination de nos jours. — Grand in-8° de 100 pages. (Imp. Vialelle, Toulouse.)

La Flore biblique, homérique, grecque et romaine : Contribution à l'étude de la botanique dans l'antiquité. — In-8° de 30 pages. (Imp. Maulde, Paris.)

1895

Sorciers et Magiciens. — *Autrefois, aujourd'hui.* — In-8° de 297 pages. (Imp. Crépin-Leblond, Moulins.)

Contribution à l'étude de l'Œnologie dans l'antiquité, d'après les comiques latins. — Petit in-8° de 16 pages. (Imp. Maulde, Paris.)

1897

La Dispute de l'Antimoine. — In-8° de 15 pages. (Imp. du *Centre médical* ; Herbin, Montluçon.)

1898

Le Quid-pro-quo, en pharmacie et en médecine, étude médicale au XVIe siècle. — Collaboration à l'*Union pharmaceutique.* (Imp. Maulde, Paris.)

La Dispute des Dogmatiques et des Empiriques. — In-8° de 16 pages. (Imp. du *Centre médical ;* Herbin, Montluçon.)

La Prescience des Alcaloïdes. — In-8° de 8 pages, couronné au concours de la Pharmacie centrale de France. (Imp. Herbin, Montluçon.)

Le Poison des Anguilles. — In-8º de 6 pages. (Imp. du *Centre médical ;* Herbin, Montluçon.)

1899

Les Plantes magiques et la Sorcellerie. — In-8º de 108 pages. (Imp. Crépin-Leblond, Moulins.)

Les Onguents des Pharmacies au XVIIᵉ *siècle.*— In-8º de 10 feuilles. (*Bulletin de la Société de Pharmacie de Lyon.)*

1900

Michelet, écrivain naturaliste. — In-8º de 60 pages. (Imp. Crépin-Leblond, Moulins.)

La Cire végétale de Chine, étude de ses différentes espèces. — In-8º de 15 pages. (*Union,* journal de la Pharmacie centrale ; imp. Maulde, Paris.)

Les Terres comestibles, leur composition. — In-8º de 10 pages. (*Bulletin de la Société de Pharmacie,* sud-ouest ; imp. Viallèle, Toulouse.)

1901

Genèse des Parfums, leur origine primordiale. — Grand in-8º de 10 feuilles. (En collaboration de la *France médicale,* Paris.)

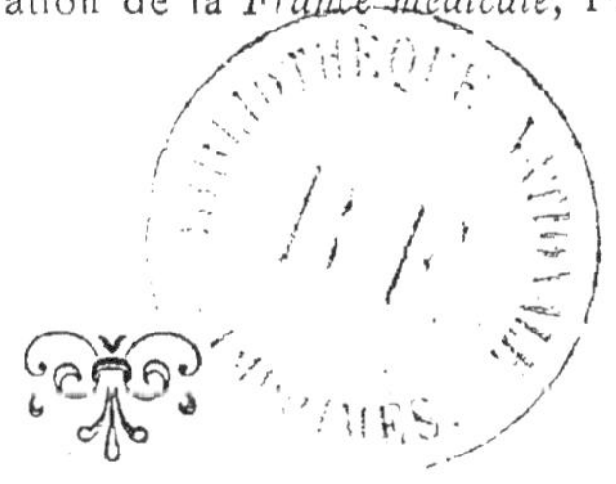